BERICHTE ÜBER DIE VERHANDLUNGEN DER SÄCHSISCHEN AKADEMIE DER WISSENSCHAFTEN ZU LEIPZIG

Mathematisch-naturwissenschaftliche Klasse
Band 101 · Heft 4

HANS SALIÉ

ZUR VERTEILUNG NATÜRLICHER ZAHLEN AUF ELEMENTFREMDE KLASSEN

1954

AKADEMIE-VERLAG · BERLIN

Vorgelegt durch Herrn HÖLDER in der Sitzung vom 12. Oktober 1953
Manuskript eingeliefert am 28. Oktober 1953
Druckfertig erklärt am 18. März 1954

Erschienen im Akademie-Verlag GmbH., Berlin W 8, Mohrenstraße 39
Veröffentlicht unter der Lizenznummer 1217
des Amtes für Literatur und Verlagswesen der Deutschen Demokratischen Republik
Satz und Druck der Buchdruckerei F. Mitzlaff KG., Rudolstadt/Thür. V/14/7 (26)
Bestell- und Verlagsnummer 2027/101/4
Preis: DM 2,50
Printed in Germany

Gegeben sei eine Verteilung $\mathfrak{V}_k$ aller natürlichen Zahlen auf k elementfremde Klassen. Weiter sei ein lineares homogenes Gleichungssystem $\mathfrak{S}$ von m Gleichungen in n Unbekannten $x_1, x_2, \ldots, x_n$

$$(1) \qquad \sum_{\nu=1}^{n} a_{\mu\nu} x_\nu = 0 \qquad \mu = 1, 2, \ldots, n, \quad n > m$$

mit rationalen Koeffizienten $a_{\mu\nu}$ vorgelegt. Wenn bei *jeder* Verteilung $\mathfrak{V}_k$ eine Lösung $x_1, x_2, \ldots, x_n$ von (1) existiert mit der Eigenschaft, daß alle x_ν derselben Klasse angehören, so heißt $\mathfrak{S}$ *k-fach regulär*[1]. Man nennt $\mathfrak{S}$ *regulär*, wenn es k-fach regulär ist für jedes k. Der Begriff des regulären Systems ist entstanden bei der Verallgemeinerung des Satzes von VAN DER WAERDEN[2] (der ersten „Perle der Zahlentheorie“[3]), der besagt, daß das System

$$\mathfrak{S}^*: \qquad x_1 - x_2 = x_2 - x_3 = \ldots = x_{n-1} - x_n \neq 0, \qquad n \geqq 2$$

regulär ist.

Die regulären Systeme haben Bedeutung für die Zahlentheorie. A. BRAUER[4] zeigte durch eine von I. SCHUR herrührende Verallgemeinerung des Satzes von VAN DER WAERDEN, daß bei hinreichend großen Primzahlen p Sequenzen jeder Länge von Potenzresten nach dem Modul p existieren. Bei einem Satz über die Fermatsche Gleichung

$$x^n + y^n = z^n$$

verwendete I. SCHUR[5] bereits 1916, daß

$$(2) \qquad x_1 + x_2 - x_3 = 0$$

regulär ist.

---

[1] R. RADO, Math. Z. **36**, 424—480 (1933).

[2] B. L. VAN DER WAERDEN, Nieuw Arch. Wiskunde **15**, 212—216 (1927).

[3] A. J. CHINTSCHIN, Drei Perlen der Zahlentheorie (Berlin 1951), 61 S.; E. WITT, Math. Nachr. **6**, 261—262 (1952).

[4] A. BRAUER, Sitz.-Ber. Preuß. Akad. Wiss., math.-physik. Kl. **1928**, 9—16; **1931**, 329—341.

[5] I. SCHUR, Jahresber. Dtsch. Math. Ver. **25**, 114—117 (1917).

Herr R. Rado[1] bestimmte alle Systeme (1), die die oben erwähnte Eigenschaft der Regularität haben. Er zeigte überdies einen Gleichmäßigkeitssatz, der für $\mathfrak{S}^*$ bereits von van der Waerden stammt: Es gibt natürliche Zahlen $S_k = S_k(\mathfrak{S})$ derart, daß das System $\mathfrak{S}$ k-fach regulär bleibt bei Hinzufügung der Bedingungen $x_\nu \leqq S_k$, $\nu = 1, 2, \ldots, n$. Wird unter $s_k = s_k(\mathfrak{S})$ die kleinste Zahl unter allen bei festem k möglichen Schranken S_k verstanden, so heiße s_k die k-te *Regularitätsschranke* von $\mathfrak{S}$. Ist $\mathfrak{S}$ nicht regulär, so interessiert der *Regularitätsgrad* $K = K(\mathfrak{S})$. Er ist eindeutig festgelegt durch die Forderung, daß $\mathfrak{S}$ K-fach regulär, aber nicht $(K+1)$-fach regulär sein soll.

Es empfiehlt sich, $s_k(\mathfrak{S})$ und $K(\mathfrak{S})$ für alle Systeme (1) einzuführen. Man wird für nicht k-fach reguläre Systeme

$$s_k = \infty \tag{3}$$

und für reguläre Systeme

$$K = \infty \tag{4}$$

schreiben. Die beiden Regularitätsmaße von $\mathfrak{S}$ $s_k(\mathfrak{S})$ und $K(\mathfrak{S})$ sind von der Größe der Koeffizienten $a_{\mu\nu}$ abhängig. Meines Wissens sind nur wenige Ergebnisse über diesen Zusammenhang bekannt. In Beispielen hat sich gezeigt, daß der Regularitätsgrad K für nichtreguläre Systeme stets unterhalb einer nur von n, der Zahl der Unbekannten, abhängigen Schranke bleibt. R. Rado vermutete, daß diese Tatsache allgemein zutrifft. Er *bewies*, daß sie für alle Werte von m richtig ist, wenn sie für $m = 1$ gilt. Hinsichtlich der Abschätzung des Regularitätsgrades bedeutet es also keine Einschränkung, wenn im folgenden angenommen wird, daß $\mathfrak{S}$ aus einer *einzigen* Gleichung besteht.

Die vorliegende Arbeit bringt neue Aussagen über $K(\mathfrak{S})$, die in Übereinstimmung mit der Radoschen Vermutung sind. Für alle nicht regulären Gleichungen mit *drei* Unbekannten wird $K = 2$ oder $K = 3$ gefunden, soweit die Voraussetzungen der Sätze 1, 2 und 14, 15 erfüllt sind. Es ist unwahrscheinlich, daß bei endlichem

---

[1] Anm. S. 3[1].

K für $n = 3$ $K > 3$ ist. Ferner ist bemerkenswert, daß es zu jedem n unendlich viele nichtreguläre Gleichungen gibt, für die $K = 2$ ist, die also nicht mehr dreifach regulär sind. Außerdem werden unendlich viele Gleichungen angegeben, für die K die Wachstumsordnung

$$K < C\, n \log n \tag{5}$$

hat, wobei C eine absolute Konstante ist. Offen bleibt, ob (5) für jede Gleichung in n Unbekannten und damit für jedes System (1) gilt. Weiter wird auf die Abschätzung von s_k eingegangen. Diese bereitet auch bei den einfachsten Gleichungen Schwierigkeiten. Für $n = 3$ werden durch Konstruktion von sogenannten Maximalverteilungen untere Schranken für s_k angegeben. Zum Schluß füge ich Bemerkungen zum Satz von VAN DER WAERDEN an.

1. Bezeichnungen. $\delta_\nu = 0$ oder 1; $\alpha, \beta, \alpha_\nu, \beta_\nu, \gamma_\nu$ seien positive oder negative ganze Zahlen $\neq 0$, sonst bedeuten griechische Buchstaben und außer q, q', u, e, C auch die lateinischen natürliche Zahlen. Die k Klassen einer Verteilung $\mathfrak{V}_k$ heißen C_i, $i = 1, 2, \ldots, k$. Die Elemente von C_i werden z_i genannt; zuweilen wird $z_i \in C_i$ geschrieben. Das Klammersymbol $\{u\}$ ist für $u > 0$ erklärt. Es hängt mit $[u]$, der größten ganzen Zahl unter u, zusammen.

$$\{u\} = \begin{cases} u & \text{, wenn } u \text{ ganz,} \\ [u]+1, & \text{wenn } u \text{ nicht ganz} \end{cases} \tag{6}$$

ist. Zu der gegebenen rationalen Zahl $q > 1$ werde die Folge ganzer Zahlen $q_1, q_2, \ldots$ durch die Rekursion

$$q_1 = 1, \quad q_{\varrho+1} = \{q q_\varrho\}, \quad \varrho \geqq 1 \tag{7}$$

gebildet. Dann ist

$$0 \leqq q_{\varrho+1} - q q_\varrho < 1 \tag{8}$$

und für $j \geqq 0$ gilt

$$q_{\varrho+j} \geqq q^j q_\varrho . \tag{9}$$

Bei ganzzahligem q ist $q_\varrho = q^{\varrho-1}$, $\varrho = 1, 2, \ldots$

Die mit der obigen Zahl q gebildete „*Sequenzverteilung*“ $\mathfrak{U}_k(q)$ enthalte in der Klasse C_i die Zahlen z_i, für die

$$(10) \qquad q_{k\nu+i-1} \leqq z_i < q_{k\nu+i}, \qquad \nu = 0, 1, 2, \ldots$$

gilt. Weiter wird eine „*Kongruenzverteilung*“ $\mathfrak{B}_k(m)$ eingeführt, die von einer festen natürlichen Zahl $m \geqq 2$ abhängt. Für die Zahlen von $\mathfrak{B}_k(m)$ in C_i soll gelten:

$$(11) \qquad \begin{array}{ll} z_i \equiv 0 & \mod m^{k\nu+i-1} \\ z_i \not\equiv 0 & \mod m^{k\nu+i} \end{array} \qquad \nu = 0, 1, 2, \ldots$$

Die Regularitätsschranke $s_k = s_k(\mathfrak{S})$ eines k-fach regulären Systems $\mathfrak{S}$ muß die beiden Bedingungen erfüllen:

a) Bei *jeder* Verteilung der Zahlen $1, 2, \ldots, s_k$ auf k Klassen existiert in mindestens einer Klasse eine Lösung $x_1, x_2, \ldots, x_n$ von $\mathfrak{S}$.

b) Es gibt mindestens eine Verteilung der Zahlen $1, 2, \ldots, s_k - 1$ auf k Klassen, so daß in keiner Klasse eine Lösung $x_1, x_2, \ldots, x_n$ von $\mathfrak{S}$ liegt.

Diese besonderen Verteilungen b) werden k-te *Maximalverteilungen* von $\mathfrak{S}$ genannt. Ist $\mathfrak{S}$ nicht k-fach regulär, so gibt es mindestens eine Verteilung *aller* natürlichen Zahlen auf k Klassen, so daß in keiner Klasse eine Lösung $x_1, x_2, \ldots, x_n$ von $\mathfrak{S}$ liegt. In diesem Falle wird

$$(12) \qquad s_k(\mathfrak{S}) = \infty$$

geschrieben. Die letzte Verteilung soll ebenfalls Maximalverteilung von $\mathfrak{S}$ heißen.

2. Zuerst werden nichtreguläre Gleichungen der Form

$$(\mathfrak{g}_n) \qquad g_1 x_1 + \ldots + g_{n-1} x_{n-1} = g y, \qquad n \geqq 3,$$

untersucht. Ist

$$(13) \qquad G = \sum_{\nu=1}^{n-1} g_\nu$$

und

$$(14) \qquad g' = \min(g_1, g_2, \ldots, g_{n-1}),$$

so gelten für $k \geqq 3$ die beiden Sätze

Satz 1: Wenn

(15) $$g^{k-2} \leqq \frac{g'^{k-1}}{G}, \qquad k \geqq 3$$

ist, wird

$$s_k(\mathfrak{g}_n) = \infty, \qquad n \geqq 3$$

Satz 2: Wenn

(16) $$g^{k-2} \geqq \frac{G^{k-1}}{g'}, \qquad k \geqq 3$$

ist, wird

$$s_k(\mathfrak{g}_n) = \infty, \qquad n \geqq 3.$$

Zum Beweise ist nötig, gemäß (12) Maximalverteilungen anzugeben. Für Satz 1 ist $\mathfrak{U}_k\left(\frac{g'}{g}\right)$ eine Maximalverteilung von $\mathfrak{g}_n$. Aus der Voraussetzung (15) folgt wegen $n \geqq 3$ $\left(\frac{g'}{g}\right)^{k-2} \geqq \frac{G}{g'} > 1$, also für $k \geqq 3$

(17) $$q = \frac{g'}{g} > 1.$$

Damit ist nach (7) die Folge q_ϱ erklärt, und es kann die Verteilung $\mathfrak{U}_k(q)$ gebildet werden. Es sei nun $x_1, x_2, \ldots, x_{n-1}, y$ eine Lösung von $\mathfrak{g}_n$. Die Annahme, daß diese Lösung in derselben Klasse von $\mathfrak{U}_k(q)$ — sie heiße C_i — liegt, wird jetzt zu einem Widerspruch geführt. Wegen (10) muß es ein $\nu \geqq 0$ geben, so daß

(18) $$q_{k\nu+i-1} \leqq y < q_{k\nu+i}$$

ist. Wenn

(19) $$X = \max(x_1, x_2, \ldots, x_{n-1})$$

bezeichnet, so folgt aus (18) und $\mathfrak{g}_n$

(20) $$g\, q_{k\nu+i-1} \leqq GX$$

und nach Verwendung von (15) und (17)

$$q^{k-1} X \geqq q_{k\nu+i-1}.$$

Auf Grund der Rekursionsformel (9) mit $j = k-1$, $\nu \geqq 1$ und $\varrho = k(\nu-1)+i$ wird schließlich

(21) $$X \geqq q_{k(\nu-1)+i}, \quad \nu \geqq 1; \qquad X \geqq 0, \quad \nu = 0.$$

Andererseits ergibt sich für $n \geqq 3$

(22) $$g y = g_1 x_1 + \ldots + g_{n-1} x_{n-1} \geqq g'(x_1 + \ldots + x_{n-1}) \geqq g'(X+1).$$

In Verbindung mit (18)

$$g y < g q_{k\nu+i}$$

entsteht

$$X+1 < \frac{1}{q} q_{k\nu+i}.$$

Wegen (8) für $\varrho = k\nu + i - 1$ folgt

$$X < q_{k\nu+i-1} - \left(1 - \frac{1}{q}\right).$$

Unter Berücksichtigung von $q > 1$ wird

(23) $$X < q_{k\nu+i-1}.$$

Die Zahlen X, die den Bedingungen (21) und (23) genügen, verteilen sich auf $k-1$ Klassen $C_1, C_2, \ldots, C_k$ unter Auslassung von C_i. Da X eine der Zahlen $x_1, x_2, \ldots, x_{n-1}$ ist, hat sich ein Widerspruch zur Annahme ergeben, daß alle $x_1, \ldots x_{n-1}$ in C_i liegen.

Für Satz 2 ist $\mathfrak{U}_k\left(\frac{g}{G}\right)$ eine Maximalverteilung. Aus (16) erhält man für $n \geqq 3$

$$\left(\frac{g}{G}\right)^{k-2} \geqq \frac{G}{g'} > 1$$

und wegen $k \geqq 3$

(24) $$q' = \frac{g}{G} > 1.$$

Mit Hilfe der Folge q'_ϱ wird nun die Verteilung $\mathfrak{U}_k(q')$ gebildet. Die beliebige Lösung $x_1, x_2, \ldots, x_{n-1}, y$ von $\mathfrak{g}_n$ liege in der Klasse C_i von $\mathfrak{U}_k(q')$. Aus dem Beweise von Satz 1 kann nun übernommen werden:

(18′) $$q'_{k\nu+i-1} \leqq y < q'_{k\nu+i}$$

(20′) $$g q'_{k\nu+i-1} \leqq G X,$$

so daß also wegen (24)

$$X \geqq q' q'_{k\nu+i-1}$$

und durch (8)

$$X > q'_{k\nu+i} - 1,$$

d. h.

(25) $$X \geqq q'_{k\nu+i}$$

folgt. Aus (22) und (18') entnimmt man

$$g'X > g q'_{k\nu+i}$$

und wegen (16) und (24)

$$X < q'^{k-1} q'_{k\nu+i}.$$

Schließlich ergibt sich aus (9) mit $j = k-1$ und $\varrho = k\nu + i$

(26) $$X < q'_{k(\nu+1)+i-1}.$$

Auf Grund von (25) und (26) liegt X nicht in C_i, entgegen der Annahme über die $x_1, x_2, \ldots, x_{n-1}$. Damit sind die Sätze 1 und 2 bewiesen. Aus ihnen sollen einige einfache Folgerungen gezogen werden.

Satz 3: Zu beliebigen festen Werten $g_1, g_2, \ldots, g_{n-1}$, $n \geqq 3$, gibt es stets unendlich viele Gleichungen $\mathfrak{g}_n$, deren Regularitätsgrad $K = 2$ ist.

Zum Beweise hat man $g \geqq \frac{G^2}{g'}$ zu wählen, Satz 2 mit $k = 3$ anzuwenden und zu beachten, daß bekanntlich[1] für $n \geqq 3$ alle Gleichungen $\mathfrak{g}_n$ zweifach regulär sind.

Satz 4: Für alle nichtregulären Gleichungen

(27) $$x_1 + x_2 + \ldots + x_{n-1} = g y, \qquad n \geqq 3,$$

ist

$$K < 2n \log n.$$

Beweis: Für $g < n$ ist (27) regulär. Es ist daher

(28) $$g \geqq n.$$

---

[1] RADO, Anm. auf S. 3[1], S. 438.

Aus Satz 2 geht hervor, daß für (24) $s_k = \infty$ wird, wenn

$$g^{k-2} \geqq (n-1)^{k-1}$$

ist. Wird

$$k-3 = \left[\frac{\log(n-1)}{\log\frac{n}{n-1}}\right]$$

gewählt, so ist keine der Gleichungen (27), die (28) erfüllen, k-fach regulär. Es ist also

$$K < 3 + \frac{\log(n-1)}{\log\frac{n}{n-1}}$$

und nach leichter Umformung $K < 2n\log n$.

Satz 5: Für alle nichtregulären Gleichungen

$$g'(x_1 + x_2 + \ldots + x_{n-1}) = y, \qquad n > 3,$$

ist $g' \geqq 2$ und $K \leqq \max\left(2, 1 + \frac{\log(n-1)}{\log g'}\right)$,

d. h.

$$K < \frac{3}{2}\log n.$$

Der Beweis folgt unmittelbar aus Satz 1.

Um einen Einblick in die möglichen Verteilungen zu gewinnen, werde ein Beispiel betrachtet. Ist in (27) $n = 4$, also

$$x_1 + x_2 + x_3 = gy,$$

so ergibt sich aus Satz 1 und 2 für

$g = 4$	$3 \leqq K \leqq 5$	$s_3 = 12$
$g = 5$	$3 \leqq K \leqq 4$	$s_3 = 25$
$g = 6$	$K = 3$	$s_3 = 40$
$g = 7, 8$	$2 \leqq K \leqq 3$	
$g \geqq 9$	$K = 2$	$s_3 = \infty$

Die Werte s_3 sind nach besonderen Berechnungen hinzugefügt. Weiter ergänze ich für alle $g \geqq 3$

$$s_1 = \left[\frac{g+2}{3}\right] \qquad \lim_{g \to \infty} \frac{s_2}{g^2} = \frac{1}{9}$$

und für[1]

$$g = 1 \qquad s_k \geqq \frac{2^{k+1}+1}{3},$$

$$g = 2 \qquad s_k \geqq 2^k,$$

$$g = 3 \qquad s_k = 1.$$

3. Jede homogene lineare Gleichung in n Unbekannten

$$\mathfrak{G}_n: \qquad \gamma_1 X_1 + \ldots + \gamma_n X_n = 0, \qquad n \geqq 3$$

läßt sich in der Form

$$g_1 x_1 + \ldots + g_l x_l = h_1 y_1 + \ldots + h_m y_m, \qquad n = l + m$$

schreiben. Hierin muß $l \geqq 1$, $m \geqq 1$ sein, da sonst $\mathfrak{G}_n$ nicht lauter positive Lösungen haben kann. Bildet man aus den Koeffizientensummen

$$(29) \qquad c = \sum_{i=1}^{m} h_i, \qquad c' = \sum_{i=1}^{l} g_i$$

und

$$(30) \qquad a = \sum_{i=1}^{l} \delta_i g_i, \qquad b = c' - a, \qquad \delta_i = 0, 1, \text{ nicht alle } \delta_i = 0$$

$$a' = \sum_{i=1}^{m} \delta_i' h_i, \qquad b' = c - a', \qquad \delta_i' = 0, 1, \text{ nicht alle } \delta_i' = 0$$

die Gleichungen

$$\mathfrak{G}_3: \qquad a x + b y = c z \qquad \text{und}$$

$$\mathfrak{G}_3': \qquad a' x + b' y = c' z,$$

so besagt der

Hilfssatz: $\quad s_k(\mathfrak{G}_n) \leqq \min\left(s_k(\mathfrak{G}_3), s_k(\mathfrak{G}_3')\right), \qquad n > 3,$

wenn

$$s_k(\mathfrak{G}_3) \neq \infty, \qquad s_k(\mathfrak{G}_3') \neq \infty.$$

[1] Beweis entsprechend dem von Satz 8.

Er ist sofort einzusehen, wenn man bemerkt, daß die Lösungen von $\mathfrak{G}_3$ bzw. $\mathfrak{G}_3'$ unter den Lösungen von $\mathfrak{G}_n$ vorkommen. Wenn in (29) $c = c'$ ist, wird

(31) $$s_k(\mathfrak{G}_n) = 1.$$

Es ist nämlich $X_1 = X_2 = \ldots = X_n = 1$ eine Lösung von $\mathfrak{G}_n$. Ist $\mathfrak{G}_3$ oder $\mathfrak{G}_3'$ k-fach regulär, so auch $\mathfrak{G}_n$ für $n > 3$. $\mathfrak{G}_3$ ist bekanntlich stets zweifach regulär und dadurch auch $\mathfrak{G}_n$. Es ist nun nützlich, für einige spezielle Gleichungen $\mathfrak{G}_3$ die Werte von $s_k(\mathfrak{G}_3)$ zu kennen. Auf diese Weise wird durch den obigen Hilfssatz eine Abschätzung von $s_k(\mathfrak{G}_n)$ nach oben ermöglicht.

Satz 6:

(32) $$ax + by = z \qquad b \leqq a$$
$$s_1 = a + b, \qquad s_2 = b(a+b)^2 + a.$$

Beweis: Es ist $s_2 \geqq b(a+b)^2 + a$, wie die Maximalverteilung

$\mathfrak{K}_1$: $a + b,\ a + b + 1, \ldots, (a+b)^2 - 1$

$\mathfrak{K}_2$: $1, 2, \ldots, a + b - 1;\ (a+b)^2, (a+b)^2 + 1, \ldots, b(a+b)^2 + a - 1$

zeigt; denn in $\mathfrak{K}_1$ liegt keine Lösung von (32), da aus $x \geqq a + b$ und $y \geqq a + b$ $z \geqq (a+b)^2$ folgt. Nimmt man x und y in $\mathfrak{K}_2$ an, so ergibt sich für

$$1 \leqq x < a + b, \quad 1 \leqq y < a + b \text{ aus (32)} \quad a + b \leqq z < (a+b)^2,$$

für

$$x \geqq 1, \quad y \geqq (a+b)^2, \quad \text{daß} \quad z \geqq a + b(a+b)^2 \quad \text{und}$$

für

$$x \geqq (a+b)^2, \quad y \geqq 1, \quad \text{daß} \quad z \geqq a(a+b)^2 + b \geqq b(a+b)^2 + a.$$

In allen drei Fällen ist z nicht in $\mathfrak{K}_2$. Es ist aber auch

$$s_2 \leqq b(a+b)^2 + a.$$

Der Beweis erfordert viele Fallunterscheidungen. Ich zeige daher nur den Spezialfall $b = a$, in dem $s_2 = 4a^3 + a$ ist. Von der Gleichung

(33) $$a(x + y) = z$$

werden der Reihe nach die Lösungen

$$\begin{array}{llll} & x=1 & y=1 & z=2a \\ (34) & x=2a & y=2\lambda a-(\lambda-1) & z=2(\lambda+1)a^2-(\lambda-1)a \quad \lambda=1,2,\ldots,2a \\ & x=1 & y=2(\lambda+1)a-\lambda & z=2(\lambda+1)a^2-(\lambda-1)a \end{array}$$

gebraucht. Ist $1 \in C_1$, $2a \in C_1$, so liegt in C_1 ein Lösungstripel von (33). Sei daher $1 \in C_1$, $2a \in C_2$. Ist nun $4a^2 \in C_2$, so ist in C_2 eine Lösung von (33) vorhanden. Sei daher $4a^2 \in C_1$. Ist $4a-1 \in C_1$, so hat C_1 eine Lösung von (33). Sei daher $4a-1 \in C_2$. Setzt man gemäß den Lösungen (34) das obige Schlußverfahren fort, so entsteht die Verteilung

$$\begin{array}{lllll} C_1: & 1, & 4a^2, & 6a^2-a, \ldots, & 4a^3-(2a-2)a \\ C_2: & 2a, & 4a-1, & 6a-2, \ldots, & 4a^2-2a+1. \end{array}$$

Die Zahl $s_2 = 4a^3 + a$ ergibt nun sowohl in C_1 wegen

$$x = 1, \qquad y = 4a^2, \qquad z = 4a^3 + a,$$

als auch in C_2 wegen

$$x = 2a, \qquad y = 4a^2 - 2a + 1, \qquad z = 4a^3 + a$$

eine Lösung von (33).

Ich gehe nun auf die *regulären* Gleichungen $\mathfrak{G}_3$ ein.

$$ax + by = (a + b)z$$

ist bereits durch (31) erledigt mit $s_k = 1$.

Satz 7.

$$(35) \qquad ax + by = az, \qquad (a, b) = 1, \qquad a > b.$$

$$(36) \qquad s_k \geqq a^k.$$

Für $k = 1$ und $k = 2$ steht das Gleichheitszeichen.

Zum Beweise wird die folgende Verteilung gebildet. In C_i liegen alle durch a^{i-1} teilbaren, aber nicht durch a^i teilbaren ganzen Zahlen $< a^k$. Soll nun die Lösung x, y, z von (35) in C_i sein, so muß gelten

$$x = x_1 a^{i-1}, \qquad y = y_1 a^{i-1}, \qquad z = z_1 a^{i-1}, \qquad x_1, y_1, z_1 \not\equiv 0 \bmod a$$

und wegen (35)

$$a x_1 + b y_1 = a z_1.$$

Hieraus folgt, daß y_1 durch a teilbar ist, da $(a, b) = 1$ ist, im Widerspruch zur Voraussetzung $y_1 \not\equiv 0 \bmod a$.

Zum Nachweis von $s_1 \geqq a$ wird

$$x = a - b, \qquad y = a, \qquad z = a$$

gebraucht, und zum Beweis von $s_2 \leqq a^2$ werden der Reihe nach die Lösungen

$$\begin{array}{lll} x = a & y = \lambda a & z = a + \lambda b \\ x = a - b & y = \lambda a & z = a + (\lambda - 1) b \end{array} \qquad \lambda = 1, 2, \ldots, a$$

benutzt. Das Schlußverfahren ist nun das gleiche wie bei (34). In (36) steht in manchen Fällen auch für $k = 3$ das Gleichheitszeichen. Beispiel: $3x + y = 3z$. Die Gleichung

$$2x + y = 2z$$

hat jedoch die Regularitätsschranke $s_3 = 14$, also $s_3 > 2^3$. Die drei Verteilungen

$$\begin{array}{ll} C_1: & 1,\ 6,\ 8,\ 13 \\ C_2: & 2,\ 5,\ 9,\ 12 \\ C_3: & 3,\ 4,\ 10,\ 11 \end{array}$$

(7 kann in jeder der drei Klassen auftreten) sind Maximalverteilungen.

Satz 8: Für die Gleichung

(37) $$a x + b y = b z, \qquad (a, b) = 1, \qquad a > b \geqq 1$$

gilt

(38) $$s_k \geqq \frac{a^{k+1} - 1}{a - 1}$$

für $b = 1$ sogar

(39) $$s_k \geqq \frac{a(a+2)^k + 1}{a + 1};$$

insbesondere ist

$$s_1 = a + 1, \qquad s_2 = \begin{cases} a^2 + 3a + 1 & b = 1 \\ a^2 + a + 1 & b \geqq 2. \end{cases}$$

Sei $a_\varrho = \frac{a^{\varrho+1}-1}{a-1}$. Der Beweis von (38) ist erbracht, wenn man eine Verteilung $\mathfrak{W}_k$ der Zahlen $1, 2, \ldots, a_k - 1$ angibt, die in keiner Klasse Lösungen von (37) hat. $\mathfrak{W}_1$ bestehe aus den Zahlen $1, 2, \ldots, a$. $\mathfrak{W}_k$ werde aus $\mathfrak{W}_{k-1}$ gebildet, indem man jede Zahl von $\mathfrak{W}_{k-1}$ durch ihr b-faches ersetzt und in die k-te, neu hinzutretende Klasse C_k alle übrigen Zahlen aufnimmt, die kleiner als a_k sind. $\mathfrak{W}_1$ ist lösungsfrei, da aus $z = y + \frac{a}{b} x$ für $x \geqq b$ und $y \geqq 1$ $z \geqq a+1$ folgt. Enthält eine Menge von Zahlen keine Lösungen von (37), so kommt auch unter den b-fachen dieser Zahlen kein Lösungstripel vor. Schließlich gilt in C_k, wenn x und y Gleichung (37) genügen, $z = y + \frac{a}{b} x \geqq 1 + a\, a_{k-1} = a_k$, da in dieser Klasse $a_{k-1} b$ das kleinste Vielfache von b (für $b=1$ die kleinste Zahl) ist. z liegt nicht in C_k. $\mathfrak{W}_k$ hat die verlangte Eigenschaft.

Die Verteilung $\mathfrak{W}_k$ ist nicht immer die bestmögliche zur Abschätzung von s_k. Für $b = 1$ erhält man eine bessere Verteilung $\mathfrak{W}_k'$ auf folgende Weise. Man geht wieder von $\mathfrak{W}_1' = \mathfrak{W}_1$ aus und kommt von $\mathfrak{W}_{k-1}'$ zu $\mathfrak{W}_k'$, indem man zu $\mathfrak{W}_{k-1}'$ in jeder Klasse die Zahlen in dieser Klasse hinzufügt, die durch Addition von $b_k - b_{k-1}$ entstehen, wobei

$$b_k = \frac{a(a+2)^k + 1}{a+1}$$

bedeutet. Die k-te Klasse enthält die Zahlen $b_{k-1}, b_{k-1}+1, \ldots, b_{k+1} - b_k$. Daß für $b = 1$ $s_2 \leqq a^2 + 3a + 1$ ist, zeigen die Lösungen

$x = 1$	$y = 1$	$z = a + 1$
$x = a + 1$	$y = a + 1$	$z = (a+1)^2$
$x = 1$	$y = (a+1)^2$	$z = a^2 + 3a + 1$
$x = a + 2$	$y = 1$	$z = (a+1)^2$
$x = a + 2$	$y = a + 1$	$z = a^2 + 3a + 1$

nach dem Verteilungsverfahren, das auf (34) angewendet wurde. Der Beweis, daß $s_2 \geqq a^2 + a + 1$ ist, wenn $b \geqq 2$ ist, erfordert zwei Fallunterscheidungen. Sei $f = \left\{\frac{a}{b}\right\}$, dann ist $f \geqq 2$, da $(a, b) = 1$ ist.

1. Fall: $b \in C_1$, $fb \in C_1$.

Dann werden der Reihe nach die Lösungen

$$\begin{array}{llll} x = b & y = fb - a & z = fb & \\ x = \lambda b & y = fb & z = fb + \lambda a & \lambda = 1, 2, \ldots, a-1 \\ x = (\lambda+1) b & y = fb - a & z = fb + \lambda a & \end{array}$$

verwendet, und es entsteht auf die bei (34) beschriebene Weise folgende Verteilung

$$\begin{array}{ll} C_1\colon & b, fb, 2b, 3b, \ldots, ab \\ C_2\colon & fb - a, fb + a, fb + 2a, \ldots, fb + (a-1)a. \end{array}$$

Hierin ist $fb + (a-1)\, a < (a+b) + a^2 - a = a^2 + b < a^2 + a$ und

$$fb - a \geqq b\,\frac{a+1}{b} - a = 1\,.$$

Sei g die kleinste positive Lösung der Kongruenz

$$ga + 1 \equiv 0 \bmod b, \quad b \geqq 2, \quad (a, b) = 1, \quad 1 \leqq g < b\,.$$

Dann zeigen die Lösungen

$$\begin{array}{lll} x = gb & y = 1 & z = ga + 1, \\ x = b^2 & y = b & z = (a+1) b, \end{array}$$

daß 1 und $(a+1)b$ in C_2 angenommen werden können, da $b \in C_1$, $b^2 \in C_1$, $ga + 1 \in C_1$. Schließlich geht aus

$$\begin{array}{lll} x = (a - g + 1) b & y = ga + 1 & z = a^2 + a + 1 \\ x = (a+1) b & y = 1 & z = a^2 + a + 1 \end{array}$$

hervor, daß $a^2 + a + 1$ sowohl in C_1 als auch in C_2 ein Lösungstripel hervorruft.

2. Fall: $b \in C_1$, $fb \in C_2$.

Die aus den Lösungen

$$\begin{array}{lll} x = b & y = b & z = a + b \\ x = fb & y = fb & z = f(a+b) \\ x = fb & y = a + b & z = (f+1)\, a + b \\ x = (f+1) b & y = b & z = (f+1)\, a + b \\ x = (f+1) b & y = fb & z = (f+1)\, a + fb \\ x = b & y = f(a+b) & z = (f+1)\, a + fb \end{array}$$

hergestellte Verteilung

$$C_1: \quad b, \quad (f+1)\,a+b, \quad f(a+b)$$
$$C_2: \quad fb, \quad a+b, \quad (f+1)b$$

zeigt, daß $(f+1)\,a+fb$ in beiden Klassen zu einer Lösung führt. Dabei ist stets $(f+1)\,a+fb \leqq a^2+a+1$, wenn $b \geqq 2$ und $(a,b)=1$. Damit ist Satz 8 bewiesen.

(35), (36) und (37) sind die einzigen regulären Gleichungen $\mathfrak{G}_3$.

4. In diesem Abschnitt werden Ergebnisse über die Gleichung

(40) $$a(x+y)=cz, \qquad (a,c)=1$$

mitgeteilt, zum Teil ohne ausführlichen Beweis. Zuerst sei $a=1$.

Satz 9: Für $$x+y=cz$$
gilt:
$$c=1,2 \qquad K=\infty$$
$$c=3 \qquad K=3$$
$$c\geqq 4 \qquad K=2$$
und
$$s_1=\left[\frac{c+1}{2}\right] \quad c\geqq 2; \quad s_2=\begin{cases} 9 & c=3 \\ \dfrac{c(c+1)}{2} & c\geqq 4; \end{cases} \quad s_3=\begin{cases} 54 & c=3 \\ \infty & c\geqq 4 \end{cases}.$$

Im Falle $c=1$ liegt die von I. Schur untersuchte Gleichung (2) vor, über die von ihm

$$\frac{3^k+1}{2} \leqq s_k < e\cdot k!$$

bewiesen wurde. Gleichheit tritt nur für $k=1,2,3$ ein[1].

Für $c=2$ ist nach (31) $s_k=1$.

Der Beweis von Satz 9 folgt aus Satz 1, wenn $k\geqq 4$ ist. Die Herleitung von s_2 und s_3 erfordert keine neuen Überlegungen. Ich nenne hierzu einige Maximalverteilungen:

---

[1] Für $k=4$ ist $s_4 \geqq 44$ wegen der Verteilung

C_1: 1, 7, 12, 15, 18, 21; 23, 26, 29, 32, 37, 43
C_2: 2, 3, 9, 14, 22; 30, 35, 41, 42
C_3: 4, 10, 11, 13, 16, 19; 25, 28, 31, 33, 34, 40
C_4: 5, 6, 8, 17, 20; 24, 27, 36, 38, 39

$c \equiv 0 \mod 2, \quad c \geqq 6, \quad k = 2$:

$$C_1\colon\ z_1 \equiv 1, 2, \ldots, \frac{c}{2} - 1 \mod c \text{ und } z_1 = \frac{c}{2} \cdot \lambda_1,\ \lambda_1 = \frac{c}{2}, \ldots, c$$

$$C_2\colon\ z_2 \equiv \frac{c}{2} + 1, \ldots, c - 1 \mod c \text{ und } z_2 = \frac{c}{2} \cdot \lambda_2,\ \lambda_2 = 1, 2, \ldots, \frac{c}{2} - 1$$

$$z_1, z_2 < \frac{c}{2}(c+1)$$

$c \equiv 1 \mod 2, \quad c \geqq 5$:

$$C_1\colon\ z_1 \equiv 1, 2, \ldots, \frac{c-1}{2} \mod c \text{ und } z_1 = c\mu_1,\ \mu_1 = \left[\frac{c+3}{4}\right], \ldots, \frac{c-1}{2}$$

$$C_2\colon\ z_2 \equiv \frac{c+1}{2}, \ldots, c-1 \mod c \text{ und } z_2 = c\mu_2,\ \mu_2 = 1, 2, \ldots, \left[\frac{c-1}{4}\right]$$

$$z_1, z_2 < \frac{c+1}{2} c$$

$c = 3, \quad k = 3$:

$$\begin{array}{llll} C_1\colon\ z_1 \equiv 1 \mod 3 & \text{und } z_1 \equiv 3 & \mod 9 & \\ C_2\colon\ z_2 \equiv 2 \mod 3 & \text{und } z_2 \equiv 0, 9 & \mod 27 & z_1, z_2, z_3 < 54 \\ C_3\colon\ z_3 \equiv 6 \mod 9 & \text{und } z_3 \equiv 18 & \mod 27. & \end{array}$$

Satz 10: Wenn $a \neq 1$ ist, gilt für die Gleichung (40)

$$K = 2 \quad \text{oder} \quad K = 3.$$

Bei R. RADO ist für

$$(41) \qquad \begin{aligned} 2^\varrho(x+y) &= z, \quad \varrho \geqq 1 \\ (x+y) &= 2^\sigma z, \quad \sigma \geqq 2 \end{aligned}$$

$K \leqq 5$ angegeben, sonst $K \leqq 3$ für die übrigen nichtregulären Gleichungen (40). Aus Satz 1 und 2 folgt für (41) $K = 2$.

Der Fall $K = 3$ tritt in Satz 10 tatsächlich auf. Wenn $c = 3$ und $a = 2$ ist, wird $s_3 = 54$.

Satz 11: Wenn in (40) $c < a$ ist, wird für festes c

$$\lim_{a\to\infty} \frac{s_1}{a} = 1 \qquad c \geqq 2 \tag{42}$$
$$\lim_{a\to\infty} \frac{s_2}{a^3} = \frac{1}{c} \qquad c \geqq 4.$$

Ergänzend ist zu sagen, daß für (40) stets

$$s_1 = \begin{cases} 2a & c = 1 \\ \max\left(a, \left[\frac{c+1}{2}\right]\right) & c \geqq 2 \end{cases}$$

ist, so daß für $c = 1$ $\lim\limits_{a\to\infty} \frac{s_1}{a} = 2$ ist. Weiter findet man für

$$c = 2 \qquad s_2 = \frac{a^3 + a}{2}$$

$$c = 3 \qquad s_2 = a\left(\frac{4}{9}a^2 + \frac{\varrho_1}{9}a + \frac{\varrho_2}{3}\right)$$

mit

$\varrho_1 = 1$	$a \equiv 2, 8 \bmod 9$	$\varrho_2 = 1$	$a \equiv 1, 7 \bmod 9$
$= 2$	$\equiv 1, 4$	$= 2$	$5, 8$
$= 4$	5	$= 3$	$2, 4$
$= 5$	$\equiv 7$		

$c = 1$ ist durch Satz 6 erledigt. Es wird also

$$\lim_{a\to\infty} \frac{s_2}{a^3} = 4, \frac{1}{2}, \frac{4}{9} \qquad \text{für } c = 1, 2, 3. \tag{43}$$

(42) folgt aus der Gleichung

$$s_2 = a\left(\left[\frac{a^2}{c}\right] + 1\right), \qquad c \geqq 4, \tag{44}$$

deren Beweis ohne Schwierigkeit ist, aber mehrfache Fallunterscheidungen erfordert. Setzt man in (44) $c = a - 1$, so wird für $a \geqq 5$ in $a(x+y) = (a-1)z$

$$s_2 = a(a+2).$$

Satz 12: Wenn $a \neq 1$ und $c > a$ ist, gilt für (40) bei festem a

$$\lim_{c \to \infty} \frac{s_i}{c^i} = \frac{1}{2} \qquad i = 1, 2.$$

Der Beweis folgt aus (43) und

$$s_2 = c s_1 \qquad a \neq 1, \qquad c > a,$$

eine Beziehung, die richtig ist mit der einzigen Ausnahme

$$a = 2,\ c = 3, \quad \text{wo} \quad s_1 = 2 \quad \text{und} \quad s_2 = 10 \quad \text{ist.}$$

5. Ich vermerke noch einige weitere spezielle Gleichungen, da die Werte für ihre Regularitätsschranken s_2 erwähnenswert sind. Wenn

$$x + a y = 2 z$$

betrachtet wird, findet man

$$\lim_{a \to \infty} \frac{s_1}{a} = \frac{1}{2}, \qquad \lim_{a \to \infty} \frac{s_2}{a^2} = \frac{1}{4}.$$

Dagegen hängt s_2 für

$$x + a y = 3 z$$

vom Restcharakter von $a \bmod 6$ ab.

Ein einfaches Ergebnis liefert schließlich

Satz 13: Wenn $a > b$ und $(a, b) = 1$ ist, so hat jede der drei Gleichungen

$$\begin{aligned} b^2 x + a b y &= a(a+b) z \\ a x + b y &= 2 a z \\ a x + b y &= a b z \end{aligned} \tag{45}$$

den von b unabhängigen Wert

$$s_2 = a^2.$$

6. Die Sätze 1 und 2 erlaubten Aussagen über den Regularitätsgrad einer Gleichung zu machen aus Größenbeziehungen zwischen ihren Koeffizienten. R. RADO war anders vorgegangen, um von vorgelegten Gleichungen in drei Unbekannten nachzuweisen, daß sie nicht mehr k-fach regulär sind. Er hatte Sätze aufgestellt, die die Teilbarkeitseigenschaften der Koeffizienten verwendeten. Ich füge zwei neue Sätze dieser Art hinzu, die die bisher bekannten Ergebnisse verschärfen.

Satz 14: In den Koeffizienten α_1 und α_2 der Gleichung

$$\alpha_1 x + \alpha_2 y + \alpha_3 z = 0 \tag{46}$$

gehe die Primzahl $p \neq 2$ auf, in α_3 nicht. p^r sei die höchste in α_1, p^s die höchste in α_2 aufgehende Potenz von p. Dann ist $s_k = \infty$, wenn

$$r \not\equiv 0 \bmod k, \quad s \not\equiv 0 \bmod k \quad \text{und} \quad r \not\equiv s \bmod k \quad \text{ist.} \tag{47}$$

Beweis: In (47) ist $k \geqq 3$, da sich für $k = 1$ und $k = 2$ Gleichung (47) nicht erfüllen läßt, wie es auch sein muß, da (46) zweifach regulär sein kann. Ohne Beschränkung der Allgemeinheit sei $r > s$. Wegen $r \not\equiv s$ scheidet $r = s$ aus. Ich zeige, daß $\mathfrak{V}_k(p)$ Maximalverteilung ist. x, y, z sei eine Lösung von (46). Dann muß z mindestens durch p^s teilbar sein. Ich setze

$$z = p^\lambda z', \quad \lambda \geqq s, \quad z' \not\equiv 0 \bmod p \tag{48}$$

und

$$\alpha_1 = \alpha_1' p^r, \quad \alpha_2 = \alpha_2' p^s, \quad \alpha_1' \not\equiv 0 \bmod p, \quad \alpha_2' \not\equiv 0 \bmod \mathrm{p},$$

und nehme an, daß $z \in C_i$ der Verteilung $\mathfrak{V}_k(p)$ ist. (46) geht nun über in

$$\alpha_1' p^{r-s} x + \alpha_2' y + \alpha_3 p^{\lambda - s} z' = 0. \tag{49}$$

Hieraus folgt im *ersten Falle* $\lambda < r$, daß

$$y \equiv 0 \bmod p^{\lambda - s} \quad \text{und} \quad y \not\equiv 0 \bmod p^{\lambda - s + 1} \tag{50}$$

ist. Wie aus dem Bau von $\mathfrak{V}_k(p)$ und durch Vergleich von (48) mit (50) hervorgeht, ist $y \in C_i$, wenn

$$s \equiv 0 \bmod k \tag{51}$$

ist. Im *zweiten Falle* $\lambda > r$ zeigt (49): $y \equiv 0 \bmod p^{r-s}$. Es kann

$$y = p^\mu y', \quad \mu \leqq r - s, \quad y' \not\equiv 0 \bmod p \tag{52}$$

und statt (49)

$$(53)\qquad \alpha_1' x + \alpha_2' y' p^{\mu - r + s} + \alpha_3 z' p^{\lambda - r} = 0$$

geschrieben werden. Ist $\mu > \lambda - s$, wird

$$x \equiv 0 \bmod p^{\lambda - r} \quad \text{und} \quad x \not\equiv 0 \bmod p^{\lambda - r + 1}.$$

$x \in C_i$, wenn

$$(54)\qquad r \equiv 0 \bmod k$$

ist. Ist $\mu < \lambda - s$, wird

$$x \equiv 0 \bmod p^{\mu - r + s} \quad \text{und} \quad x \not\equiv 0 \bmod p^{\mu - r + s + 1}.$$

x liegt mit y in derselben Klasse, wenn

$$(55)\qquad r \equiv s \bmod k$$

ist. Ist $\mu = \lambda - s$, so $y \in C_i$, wenn (51) gilt.

Im *dritten Falle* $\lambda = r$ folgt aus (49): $y \equiv 0 \bmod p^{r-s}$. Wenn $y \not\equiv 0 \bmod p^{r-s+1}$ ist, wird $y \in C_i$, wenn (51) gilt. Ist jedoch $y \equiv 0 \bmod p^{r-s+1}$, so ergibt sich $x \equiv -\alpha_3 \alpha_1' z' \bmod p$. Dabei bedeutet $\alpha_1' \alpha_1' \equiv 1 \bmod p$. $x \in C_1$. Es ist ebenfalls $z \in C_1$, wenn $\lambda \equiv 0 \bmod k$, d. i. $r \equiv 0 \bmod k$.

Da (51), (54) und (55) im Widerspruch zur Voraussetzung (47) stehen, tritt in keiner Klasse von $\mathfrak{V}_k(p)$ ein Lösungstripel von (46) auf.

Wendet man Satz 14 auf (45, 1) an mit $k = 3$, $r = 1$, $s = 2$ und einem Primteiler p von $b \neq 1$, so folgt $s_3 = \infty$, d. h. $K = 2$, wenn b kein Kubus ist.

Satz 15: Für die Gleichung $\alpha_1 x + \alpha_2 y + \alpha_3 z = 0$ gilt

$$s_4 = \infty,$$

wenn es eine *ungerade* Primzahl p gibt, die in α_1, aber weder in α_2 noch in α_3 aufgeht und für die $-\alpha_2 \alpha_3$ quadratischer Nichtrest nach p ist.

Beweis: Wenn r der Exponent der höchsten in α_1 aufgehenden Potenz von p ist, kann man

$$(56)\qquad \alpha_1 = p^r \alpha_1', \quad \alpha_1' \not\equiv 0 \bmod p$$

setzen. Schreibt man

$$r = 2^{\varrho} l + 2^{\varrho - 1},$$

so ist ϱ bei gegebenem r eindeutig bestimmt. Ich zeige, daß die folgende Verteilung $\mathfrak{D}_4(p;\varrho)$ unter den Voraussetzungen des Satzes Maximalverteilung für (46) ist.

Alle natürlichen Zahlen verteile ich bei festem ϱ auf die vier Klassen C_1, C_2, C_3, C_4

$$C_i: \qquad z_i \equiv \lambda_i p^{a_i} \bmod p^{a_i+1}, \qquad i = 1, 2, 3, 4.$$

Hierin sollen sowohl λ_1 als auch λ_3 alle quadratischen Reste und λ_2, λ_4 je alle quadratischen Nichtreste nach p durchlaufen. Die Exponenten a_i werden in die Form

(57) $$a_i = 2^\varrho \nu + \sigma_i$$

gebracht, wobei

$$\begin{aligned} \nu &= 0, 1, 2, \ldots \\ \sigma_1, \sigma_2 &= 0, 1, \ldots, 2^{\varrho-1}-1 \\ \sigma_3, \sigma_4 &= 2^{\varrho-1}, \ldots, 2^\varrho - 1 \end{aligned}$$

durchlaufen. x, y, z sei eine Lösung von (46) und $y \in C_i$. Daher ist

(58) $$y \equiv \lambda_i p^{a_i} \bmod p^{a_i+1}.$$

Durch (57) sind λ_i, ν und σ_i festgelegt. Ich unterscheide nun zwei Fälle:

1. $r \geqq a_i + 1$. Dann folgt aus (46), (56), (58)

$$\alpha_3 z \equiv -\alpha_2 \lambda_i p^{a_i} \bmod p^{a_i+1}.$$

Wegen $\alpha_3 \not\equiv 0 \bmod p$ und $\left(\frac{-\alpha_2\alpha_3}{p}\right) = -1$ liegt z nicht in C_i.

2. $r \leqq a_i$. Nach (46), (56), (58) sind y und z durch p^r teilbar. Soll $z \in C_i$ sein, so muß gelten:

(59) $$\begin{aligned} z &\equiv \lambda'_i p^{a'_i} \bmod p^{a'_i+1}, \\ a'_i &= 2^\varrho \nu' + \sigma'_i, \qquad a'_i \geqq r, \end{aligned}$$

wobei λ'_i der Wertereihe der λ_i und σ'_i der Wertereihe der σ_i entnommen ist. Durch Einsetzen von (58) und (59) in (46) entsteht

$$\alpha_1 x = -\alpha_2 \lambda_i p^{a_i - r} - \alpha_3 \lambda'_i p^{a'_i - r} - \alpha_2 y' p^{a_i - r + 1} - \alpha_3 z' p^{a'_i - r + 1}.$$

Ich unterscheide nun drei Fälle:

a) $\nu' < \nu$. Dann ist

$$a_i - a_i' = 2^\varrho(\nu - \nu') + \sigma_i - \sigma_i' \geq 2^\varrho + \sigma_i - \sigma_i' > 0,$$

also

$$a_i - r > a_i' - r$$

und

$$\alpha_i' x \equiv -\alpha_3 \lambda_i' p^{a_i' - r} \bmod p^{a_i' - r + 1}.$$

Da die Exponenten

$$a_i' - r = 2^\varrho(\nu' - l) + \sigma_i' - 2^{\varrho - 1}$$

nicht bei Zahlen in C_i auftreten, liegt x nicht in C_i.

b) $\nu' = \nu$. Dann ist

$$(a_i - r) - (a_i' - r) = \sigma_i - \sigma_i'.$$

Für $\sigma_i = \sigma_i'$ wird $\alpha_i' x \equiv -(\lambda_i \alpha_2 + \lambda_i' \alpha_3) p^{a_i - r} \bmod p^{a_i - r + 1}$.

Auf Grund der Voraussetzung $\left(\frac{-\alpha_2 \alpha_3}{p}\right) = -1$ muß

$$\lambda_i \alpha_2 + \lambda_i' \alpha_3 \not\equiv 0 \bmod p$$

sein. x kann nicht in C_i liegen, da $a_i - r$ nicht als Exponent von Zahlen der Klasse C_i vertreten ist. Dies trifft auch zu, wenn $\sigma_i \neq \sigma_i'$ ist. Schließlich führt der Fall

c) $\nu' > \nu$ zu $\alpha_i' x \equiv -\lambda_i \alpha_2 p^{a_i - r} \bmod p^{a_i - r + 1}$,

d. h. x nicht in C_i.

$\mathfrak{D}_4(p; \varrho)$ enthält in der Tat keine Lösungen von (46).

Durch die Sätze 1, 2, 14, 15 erfaßt man unendlich viele, aber nicht alle nichtregulären Gleichungen in drei Unbekannten mit dem Ergebnis $K \leq 3$.

7. Zum Schluß gebe ich zwei Bemerkungen, die mit dem Satz von VAN DER WAERDEN, also mit dem System $\mathfrak{S}^*$ der Einleitung, zusammenhängen.

a) Über die Regularitätsschranke $s_k(n)$ des Satzes sind wenig Einzelergebnisse bekannt. Trivial ist

$$s_1(n) = n, \quad s_k(1) = 1, \quad s_k(2) = k+1.$$

Ob

$$s_3(3) = 27$$

und

$$s_2(4) = 35 \tag{60}$$

in der Literatur zu finden ist, weiß ich nicht. Die Kenntnis der zugehörigen Maximalverteilungen[1] ist vielleicht nützlich zum Aufbau von Verteilungen im allgemeinen Falle bei beliebigen k und n. In dieser Hinsicht erscheint mir das Ergebnis (60) des Hinweises wert[2]:

$$\begin{aligned} C_1\colon\ & R+1 < 34 \\ C_2\colon\ & N+1 < 34, \end{aligned}$$

wobei R die quadratischen Reste und N die quadratischen Nichtreste mod 11 durchläuft. Die vier Zahlen $z \equiv 1 \bmod 11$ können beliebig eingefügt werden, nur nicht so, daß sie sämtlich in einer Klasse sind.

b) Eine Menge natürlicher Zahlen heiße $\mathfrak{B}$-Menge, wenn sie keine Elemente enthält, die die Bedingung $\mathfrak{B}$ erfüllen. $\mathfrak{B}$ kann die homogene lineare Gleichung

$$ax + by = cz \tag{61}$$

sein. In den zugehörigen $\mathfrak{B}$-Mengen treten dann keine Lösungstripel x, y, z von (61) auf. Es bezeichne $\mathrm{B}(x)$ die größte Anzahl ganzer Zahlen, die aus der Reihe $1, 2, \ldots, x$ gebildet, eine $\mathfrak{B}$-Menge ergibt. Dann stellt der Grenzwert

$$\mathrm{B} = \lim_{x\to\infty} \frac{\mathrm{B}(x)}{x},$$

---

[1] $s_3(3) = 27$ $\quad C_1\colon\ z_1 = 1, 2, 6, 7, 9;\ 27 - z_1$
$\quad C_2\colon\ z_2 = 3, 4, 11, 12;\ 27 - z_2$
$\quad C_3\colon\ z_3 = 5, 8, 10, 13;\ 27 - z_3$

[2] ausführlich: $C_1\colon$ 2, 4, 5, 6, 10, 13, 15, 16, 17, 21, 24, 26, 27, 28, 32
$C_2\colon$ 3, 7, 8, 9, 11, 14, 18, 19, 20, 22, 25, 29, 30, 31, 33

falls er existiert, ein Maß für die Dichte dieser $\mathfrak{B}$-Mengen dar. Für die $\mathfrak{B}$-Mengen mit

$$x + y = 2z, \qquad x \neq y \neq z,$$

zeigte kürzlich Herr KLAUS ROTH[1] auf analytischem Wege, durch Verwendung von Exponentialsummen, daß $\mathrm{B} = 0$ ist. R. SALEM und D. E. SPENCER[2] bewiesen schon früher, daß aus diesem (damals nur vermuteten) Ergebnis leicht der Satz von VAN DER WAERDEN gefolgert werden kann. Ich möchte bemerken, daß für alle zu (61) gehörigen $\mathfrak{B}$-Mengen $\mathrm{B} \neq 0$ gilt, wenn $c \neq a + b$ ist. Es ist

$$\mathrm{B} \leqq 1 - \min\left(\frac{a+b}{c}, \frac{c}{a+b}\right),$$

da für $a + b > c$

$$(62) \qquad c\lambda,\ c\lambda + 1, \ldots, (a+b)\lambda - 1$$

und für $a + b < c$ $\qquad \lambda = 1, 2, \ldots$

$$(63) \qquad (a+b)\lambda,\ (a+b)\lambda + 1, \ldots, c\lambda - 1$$

zu (61) gehörige $\mathfrak{B}$-Mengen sind. Ist nämlich $x \geqq c\lambda$ und $y \geqq c\lambda$, so folgt aus (61) $z \geqq (a+b)\lambda$. Ferner ergibt sich $z < (a+b)\lambda$, wenn $x < c\lambda$ und $y < c\lambda$ ist. Damit enthalten (62) und (63) keine Lösungen von (61). Für $c = a + b$ ist trivial $\mathrm{B} = 0$, da dann die $\mathfrak{B}$-Mengen leer sind und $\mathrm{B}(x) = 0$ ist. Wird aber als Bedingung $\mathfrak{B}$

$$ax + by = (a+b)z, \qquad x \neq y \neq z,$$

zugrundegelegt, so bedarf es vermutlich eines analytischen Beweisganges, um $\mathrm{B} = 0$ zu zeigen.

---

[1] C. R. Acad. Sci., Paris **234**, 388—390 (1952).

[2] Nieuw Arch. Wiskunde, II. s. **23**, 133—143 (1950).

BERICHTE ÜBER DIE VERHANDLUNGEN DER SÄCHSISCHEN AKADEMIE DER WISSENSCHAFTEN ZU LEIPZIG

MATHEMATISCH-NATURWISSENSCHAFTLICHE KLASSE

Band 97

Heft 1 Prof. Dr. ERICH STRACK / Beobachtungen über den endogenen Anteil des Kot-Stickstoffs
24 Seiten — 1949 — vergriffen

Heft 2 Prof. Dr. ERNST HÖLDER / Über die Variationsprinzipe der Mechanik der Kontinua
13 Seiten — 1950 — vergriffen

Heft 3 Dr. H. GERSTNER / Dr. H. BAARK / Dr. H. GRAUL / Der Wechselstromwiderstand der Froschhaut
25 Seiten — 1950 — DM 2,75

Heft 4 Dr. HERBERT BECKERT / Existenz- und Eindeutigkeitsbeweise für das Differenzenverfahren zur Lösung des Anfangswertproblems, des gemischten Anfangs-Randwert- und des charakteristischen Problems einer hyperbolischen Differentialgleichung zweiter Ordnung mit zwei unabhängigen Variablen
42 Seiten — 1950 — DM 9,—

Heft 5 Dr. HERBERT BECKERT / Über quasilineare hyperbolische Systeme partieller Differentialgleichungen erster Ordnung mit zwei unabhängigen Variablen. Das Anfangswertproblem, die gemischte Anfangs-Randwertaufgabe, das charakteristische Problem
68 Seiten — 1950 — vergriffen

Heft 6 Prof. Dr.-Ing. ENNO HEIDEBROEK / Das Verhalten von zähen Flüssigkeiten, insbesondere Schmierflüssigkeiten, in engen Spalten
40 Seiten — 24 Abbildungen — 1952 — DM 5,80 Nachdruck

Heft 7 Prof. Dr. HANS SCHUBERT / Über eine lineare Integrodifferentialgleichung mit Zusatzkern
52 Seiten — 1950 — DM 9,25

Heft 8 Dipl. phys. HELMAR KRUPP / Bestimmung der allgemeinen Lösung der Schrödinger Gleichung für Coulomb-Potential
28 Seiten — 1950 — vergriffen

Band 98

Heft 1 Prof. Dr. WALTER SCHNEE / Über magische Quadrate und lineare Gitterpunktprobleme
48 Seiten — 1951 — vergriffen

Heft 2 Prof. Dr.-Ing. ENNO HEIDEBROEK / Über die Beziehungen zwischen Schmierung und Verschleiß bei geschmierter Gleitreibung
36 Seiten — 5 Abbildungen — 1952 — DM 2,75 Nachdruck

Heft 3 Prof. Dipl.-Berging. KARL KEGEL / Der Salzstock Mirowo bei Provadia in Bulgarien
26 Seiten — 9 Abbildungen — 1951 — vergriffen

Heft 4 Dr. HERBERT BECKERT / Dr. HANS SALIÉ / Bemerkungen über die Verbiegung hyperbolisch gekrümmter Flächenstücke / Über Abels Verallgemeinerung der binomischen Formel
22 Seiten — 2 Abbildungen — 1951 — DM 2,25

Heft 5 Prof. Dr. ERICH STRACK / Die Dauerinfusion als Verfahren zur Erforschung des Kohlenhydratstoffwechsels des Tierkörpers
20 Seiten — 1952 — DM 2,—

Bestellungen an eine Buchhandlung erbeten

AKADEMIE-VERLAG · BERLIN W 8

MIX
Papier | Fördert gute Waldnutzung
FSC® C083411

Zeitfracht Medien GmbH
Ferdinand-Jühlke-Straße 7
99095 Erfurt, Deutschland
produktsicherheit@kolibri360.de